UN MOT

SUR

LE CHEVAL DE COURSE ARABE

La manière de le reconnaître, de le nourrir, de le panser, de l'entraîner, et de le monter sur l'hippodrome

PAR

UN ANCIEN ÉLÈVE INSTRUCTEUR DE L'ÉCOLE D'APPLICATION DE CAVALERIE

ORAN
IMPRIMERIE NOUVELLE, A. NUGUES
boulevard Charlemagne

1882

PRÉFACE

Je n'ai point la prétention d'offrir aux éleveurs du cheval de course arabe et aux amateurs de chevaux un traité de dressage et d'équitation ; je veux simplement leur indiquer le moyen de reconnaître un pareil animal, de le soigner et de le présenter sur l'hippodrome dans les meilleures conditions de vitesse possibles.

Mon but atteint, j'aurai, je n'en doute pas, rendu un service signalé aux uns et aux autres, chacun d'eux trouvant dans mon petit ouvrage un mot concernant le cheval d'hippodrome et celui de promenade.

Pour faciliter ma tâche et obtenir un résultat qui puisse convenir aussi bien à l'éleveur qu'à l'amateur, j'ai consulté l'hippologie de M. Vallon, vétérinaire principal, le cours d'équitation de M. le comte d'Aure, et enfin, l'intéressant ouvrage de M. le général Daumas, intitulé : *Principes généraux du Cavalier arabe*.

Tout en cherchant à être utile à autrui, je me suis instruit moi-même, et je m'estimerais heureux si mon travail me faisait atteindre un but aussi ambitieux que celui auquel j'aspire.

Oran, le 2 janvier 1882.

BORROMEI,

Sous-lieutenant de cavalerie de la réserve de l'armée active,
ancien élève de l'École d'Application de cavalerie.

UN MOT

SUR LE

CHEVAL DE COURSE ARABE

CHAPITRE PREMIER

Du cheval de course. — Examen a l'écurie. — Examen hors de l'écurie. — Examen des aplombs. — Examen des proportions. — Examen des principales régions du corps. — Examen du cheval en mouvement. — Inconvénients du manque de proportions.

Cheval de course

Le cheval de course, quelle que soit son origine, doit réunir, au plus haut degré, l'ensemble des caractères extérieurs et des qualités que l'on ne rencontre que chez les races les plus nobles, et dont il sera parlé plus loin.

On le reconnait à l'élégance et à la grâce

de ses formes, à sa peau fine et souple, à ses crins fins et soyeux, à ses muscles fermes, bien dessinés sous la peau, à ses os durs et compactes, à ses vaisseaux capillaires sous-cutanés très apparents, à ses allures rapides, à son système nerveux et à ses qualités intellectuelles bien développées.

Les caractères et les qualités ci-dessus décrits rendent cet animal rapide à la course et apte à supporter de longues marches.

Un tel cheval est difficile à rencontrer, mais l'éleveur devra exiger du sujet qu'il destinera à l'hippodrome des qualités se rapprochant le plus possible de celles que je viens de mentionner et qui constituent la perfection. Celui qu'élèvent les Arabes des Flittas est le plus renommé ; vient ensuite celui que l'on rencontre au sud de Tiaret et celui que possèdent les Arabes de la plaine d'Eghris, des plateaux de Frendah et de Saïda.

Le cheval dont parle Buffon dans son incomparable description révèle le cheval parfait dans toute sa splendeur, et De Lamartine nous en donne une profonde idée dans son récit du cheval arabe.

Pour accomplir son choix, l'éleveur examinera scrupuleusement le cheval : 1° à l'écurie ; 2° hors de l'écurie ; 3° il le fera monter et marcher aux trois allures.

1° Examen à l'écurie

A l'écurie le cheval doit être calme, avoir le regard franc et le flanc sans agitation.

Chez le cheval en santé les mouvements du flanc sont lents, réguliers, uniformes et au nombre de seize par minute.

Dans la station libre les deux pieds de derrière seront alternativement au repos, et dans la station forcée les quatres membres devront se trouver exactement dans la direction de la ligne d'aplomb.

Le cheval, après avoir été l'objet d'un pareil examen, sera ensuite bridé et sorti de l'écurie ; mais il ne devra faire aucune difficulté pour supporter la première opération ni manifester aucune souffrance dans le tourner qu'il exécutera pour sortir de son intervalle.

2° Examen hors de l'écurie

Le cheval est conduit sur un plan bien horizontal, et là l'acheteur, se plaçant à quelques pas devant lui, commencera par examiner scrupuleusement les deux yeux. Il s'assurera s'ils sont égaux, s'ils ne présentent aucun filet rouge et si les paupières sont irréprochables, c'est-à-dire exemptes de plaies et d'éraillures.

Il passera ensuite à l'examen :

1° Des aplombs, 2° des proportions.

1° Examen des aplombs

La direction que les membres présentent sous le tronc constitue les aplombs. D'après cette définition il sera facile à l'examinateur de juger de leurs qualités ou de leurs défauts.

Les aplombs sont satisfaisants quand ils sont exactement perpendiculaires au sol sur lequel ils reposent et qu'ils se meuvent dans un champ parallèle à celui de l'axe du corps.

Ils sont défectueux quand, au contraire, ils dévient plus ou moins de la verticale, le cheval se trouvant, du reste, sur un terrain ferme et horizontal.

Leur examen commencera par les membres antérieurs ; on les regardera d'abord de profil, puis de face. Il se continuera par les membres postérieurs que l'on regardera d'abord de profil et ensuite par derrière.

2° Examen des proportions

Les rapports qui doivent exister entre les différentes parties du corps du cheval, pour qu'il puisse supporter les violents exercices de l'hippodrome, sont appelés proportions. On exigera d'eux qu'ils fassent ressortir, chez un pareil animal, les meilleures conditions de vitesse, de durée, de solidité, et la conformation générale suivante :

Tête carrée et bien attachée ;
Rein court et droit ;
Rayons supérieurs des membres longs ;
Rayons inférieurs courts ;
Tendons gros et bien attachés ;
Paturon court ;
Articulations larges et épaisses ;
Angles articulaires très-ouverts.

L'examinateur juge de tout cela d'un coup d'œil et inspecte sévèrement les principales régions du corps du cheval qu'il présentera plus tard sur l'hippodrome.

Examen des principales régions

PREMIÈREMENT

TÊTE. — La tête qui convient le mieux au cheval de course, est celle qui est carrée, large à sa partie supérieure, courte et étroite à sa partie inférieure et qui a le crâne très-développé, l'œil placé loin de la nuque, bien ouvert, grand, à fleur de tête, doux et expressif ; le chanfrein droit, les oreilles peu développées, hardies, bien espacées, les naseaux bien ouverts; les branches du maxillaire très-écartées ; une peau souple, fine, couverte de poils courts et soyeux, laissant apercevoir très-nettement les vaisseaux et les nerfs qu'elle protège.

Elle doit, en outre, pour que ses mouvements soient aisés, gracieux et étendus, s'unir à l'encolure d'une manière irréprochable.

NUQUE. — La nuque doit être parfaitement saine, saillante, large et convenablement arrondie.

Cette région est quelquefois atteinte d'une maladie appelée *mal de taupe*, contre laquelle l'acheteur doit se mettre en garde.

TOUPET. — Le toupet devra se composer de crins fins, soyeux et assez longs pour protéger les yeux contre les insectes et les rayons d'une trop vive lumière.

FRONT. — Le front doit être large; un grand développement de cette région, qui est le siège de l'intelligence du cheval, sera donc un bon augure.

CHANFREIN. — Le chanfrein doit être large, court et droit. Avec ces trois qualités il indiquera infailliblement des cavités nasales bien développées, une respiration facile, et, par conséquent, une poitrine spacieuse; mais, pour être irréprochable en tous points, il faut qu'il ne présente aucune trace de feu. Le feu est appliqué à cette région dans le cas de morve ou de maladie des yeux.

Bout du nez. — Le bout du nez doit être ferme, bien accentué, bien détaché, recouvert d'une peau fine, et entièrement exempt de cicatrices.

Ces cicatrices, provenant de chutes, indiquent naturellement la faiblesse des membres antérieurs.

Bouche. — L'examen de la bouche doit toujours entrainer celui des *lèvres*, des *dents*, des *barres*, du *palais*, et enfin de la *langue*.

Elle est irréprochable, *bonne* ou *belle*, lorsque toutes ces parties, tout en ne laissant rien à désirer, jouissent d'une sensibilité moyenne, c'est-à-dire que le mors y produit un effet qui ne soit ni exagéré, ni impuissant.

Lèvres. — Les lèvres doivent être minces, mobiles, recouvertes d'une peau fine pourvue de poils soyeux et courts, et, par dessus tout, moyennement fendues, exemptes de plaies et d'ulcères.

Ainsi conformée, elle ne sera ni trop grande ni trop petite, et le mors y produira un effet ne laissant rien à désirer.

Barres. — Les barres doivent être moyennement arrondies, s'élever au niveau de la langue et des lèvres, exemptes de carie et de fracture de l'os qui leur sert de base. C'est sur les barres que le mors produit son effet, et cet instrument de conduite ne peut agir convenablement sur elles, si ces qualités leur font défaut.

PALAIS. — Le palais doit être sain. La maladie que l'on remarque parfois en cet endroit, appelée *lampas*, poursuit particulièrement le poulain.

CANAL. — Le canal doit être large.

LANGUE. — La langue doit rester constamment dans la bouche et n'être ni trop épaisse ni trop mince. Ainsi conformée, elle permettra au mors d'avoir sur les barres un effet convenable.

MENTON. — Le menton doit présenter à son centre une éminence appelée *houppe du menton,* laquelle doit être ferme, arrondie et parfaitement saine.

BARBE. — La barbe doit être moyennement arrondie, de manière à être suffisamment sensible à la gourmette, et complétement saine.

AUGE. — L'auge doit être large, nette et ne donner lieu à aucun symptôme de gourme chez le poulain, et de morve chez le cheval adulte. Ce symptôme consiste dans l'engorgement de cette région.

Oreilles. — Les oreilles doivent être hardies, élégamment plantées, recouvertes d'une peau fine et donner au cheval, par la liberté de leurs mouvements, la distinction et la grâce qui doivent caractériser un coursier hors ligne.

Tempes. — Les tempes doivent être exemptes de plaies, de cicatrices et de poils blancs, ces derniers sont une indice de vieillesse si la robe n'en présente pas.

Œil. — L'œil doit réunir toutes les qualités que j'ai énumérées plus haut en caractérisant le cheval de course et être, ainsi que les paupières qui le protègent, exempt de maladies.

Joues. — Les joues doivent être parfaitement saines, bien développées à leur partie supérieure, laquelle devra, en outre, présenter une peau fine et luisante sous laquelle se trouveront des vaisseaux et des nerfs sous-jacents bien développés.

Ganaches. — Les ganaches doivent être larges et écartées, sans que le maxillaire qui les forme présente un développement exagéré.

Naseaux. — Les naseaux doivent être aussi ouverts que possible, presque sans mouvement quand le cheval est au repos, et ne donner lieu à aucun écoulement. La membrane qui les tapisse, connue sous le nom de *pituitaire*, devra avoir une couleur rose.

Encolure. — L'encolure doit être bien musclée, longue, large à son bord inférieur et pourvue de crins fins et soyeux. Elle doit toujours être exempte de cicatrices de sétons, lesquelles dénotent une maladie des yeux ou des cavités nasales.

L'encolure qui convient le mieux au cheval de course est celle dont les deux bords décrivent une ligne droite en convergeant l'un vers l'autre. Cette disposition favorise la rapidité des allures et constitue une encolure droite.

L'encolure *renversée*, ou *de cerf*, caractérise souvent un bon coursier ; elle favorise aussi les allures rapides et se reconnait à la concavité du bord supérieur et à la convexité du bord inférieur.

Mais quelle que soit sa forme, elle doit toujours s'unir au garrot, aux épaules et au poitrail de la manière la plus irréprochable pour être qualifiée *bien sortie*.

Cet examen accompli, il sera procédé scrupuleusement à celui de toutes les régions composant le corps et que nous allons énumérer ci-après.

DEUXIÈMEMENT

CORPS. — Le corps présente à examiner douze régions, savoir : le *garrot*, le *dos*, le *rein*, la *queue*, l'*anus*, le *poitrail*, le *passage des sangles*, les *côtes*, la *poitrine*, le *flanc*, le *ventre* et les *organes génitaux*.

Garrot. — Le garrot doit être élevé et se prolonger fortement en arrière en diminuant insensiblement de hauteur, être sec, net et entièrement sain. La tête, l'encolure et l'épaule auront d'autant plus de grâce et de jeu que cette région sera parfaite.

Dos. — Le dos doit être court, droit, bien musclé et exempt de blessures. Selon que cette région est plus ou moins inclinée d'arrière en avant, le cheval est plus ou moins exposé aux blessures du garrot.

Rein. — Le rein doit être large, droit, court, bien attaché, c'est-à dire s'unir à la croupe sans transition brusque ; il doit être sensible, souple, fléchir légèrement sous les doigts qui le pincent, complètement sain. Le *mal de rognon* et l'*effort de rein* sont les blessures les plus communes à cette région et celles qui rendent parfois le cheval impropre au service de la selle.

Queue. — La queue doit être forte à sa base,

mince à son extrémité libre, partir d'aussi haut que possible, être portée droite et bien détachée des fesses dans l'action, et enfin, exempte de maladies et de blessures produites par la croupière.

Anus. — L'anus doit être bien *marronné*, c'est-à-dire dur, petit, bien fermé et peu volumineux. Des qualités contraires dénotent toujours un sujet mou et lymphatique.

Poitrail. — Le poitrail doit avoir une longueur moyenne, être bien musclé et exempt de traces de sétons quoiqu'elles soient sans importance. Chez le cheval de vitesse la largeur de cette région doit être restreinte, mais à condition que la poitrine offre un développement considérable en hauteur.

Passage des sangles. — Le passage des sangles doit être arrondi sur les côtés, aplati à la partie inférieure, bien descendu, exempt de traces de sétons, de vésicatoires et d'excoriations produites par la sangle.

Côtes. — Les côtes doivent être bien arrondies, espacées les unes des autres et très-longues. Avec cette conformation, le cheval possèdera une respiration étendue, une circulation puissante et sera infailliblement propre aux courses de fond; mais, pour être irréprochables, elles devront être exemptes de *cors*, de *durillons*, de *plaies* et d'*exostoses*.

POITRINE. — La poitrine est la région qui renferme le cœur et les poumons, organes principaux de la circulation et de la respiration.

Elle doit être haute, longue, large et profonde ; on s'assure du plus ou moins d'étendue de ces qualités en les mesurant de la manière suivante : la longueur, de la partie antérieure du poitrail au flanc ; la largeur, d'une côte à celle qui lui correspond du côté opposé ; la profondeur, du sommet du garrot au passage des sangles. Plus ces différentes mesures seront satisfaisantes, plus la poitrine aura de mérite.

FLANC. — Le flanc doit être court, bien cylindré de haut en bas, sans bosselures ni enfoncement.

VENTRE. — Le ventre doit être convenablement volumineux sans toutefois dépasser le cercle des côtes.

ORGANES GÉNITAUX. — Ces organes donnent à examiner les parties suivantes : les *testicules*, le *fourreau* et la *verge*.

Testicules. — Les testicules doivent être libres, bien séparés, fermes et volumineux ; les poches qui les contiennent doivent être souples, luisantes et non engorgées.

Fourreau. — Le fourreau est l'enveloppe qui protège la verge ; il doit être moyennement développé et permettre à celle-ci d'y entrer et d'en sortir facilement.

Chez la jument ces organes se composent de la *vulve* et des *mamelles.*

Vulve. — La vulve devra posséder des lèvres arrondies, recouvertes d'une peau fine, luisante, dépourvue de poils ; elle doit être, en outre, exempte de *verrues* et de *plaies.*

Mamelles. — Les mamelles doivent être peu développées chez la jument qui n'est pas suitée.

Ce nouvel examen accompli il sera procédé à celui des membres, non moins important, à cause du rôle que les régions qui les composent jouent dans les mouvement et les allures, et à cause aussi des indices qu'ils fournissent pour reconnaître le cheval de course.

TROISIÈMEMENT

MEMBRES. — Les membres se divisent : 1° en membres *antérieurs* : 2° en membres *postérieurs.*

1° MEMBRES ANTÉRIEURS. — Ces membres comprennent les parties suivantes, dont l'examen devra avoir lieu de la manière la plus sérieuse.

Épaule. — L'épaule du cheval de course doit être longue, oblique, bien musclée, douée de mouvements libres et étendus, exempte de cicatrices de feu, de sétons et de vésicatoires, lesquels dénotent, ainsi que l'amaigrissement, une maladie grave dénommée *écart de l'épaule*. La longueur et l'obliquité, qui sont les véritables indices de la vitesse, devront toujours caractériser celle d'un bon coursier.

Bras. — Le bras devra se trouver dans un plan parallèle à celui de l'axe du corps, pour ne point éprouver de déviation en se portant en avant. Il doit aussi être moyennement long, et s'incliner de manière à former avec l'épaule un angle de 100° environ.

Avant-bras. — L'avant-bras doit être long, bien musclé, et, par dessus tout, se trouver dans une direction exactement verticale.

La moindre déviation en avant, en arrière, en dehors ou en dedans, suffit pour que le poids du corps soit irrégulièrement supporté par l'avant-bras, inconvénient grave marchant toujours de concert avec un défaut non moins préjudicieux : le manque de force et de solidité.

Tous les chevaux qui ont brillé sur le turf se faisaient remarquer par la longueur de leur avant-bras; mais suivant que cette longueur était plus ou moins grande, on les voyait raser le tapis d'une manière plus ou moins appréciable.

Coude. — Le coude doit être long et se trouver dans un plan parfaitement parallèle à celui de l'axe du corps.

La première de ces qualités lui permet, dans les allures, d'étendre convenablement l'avant-bras sur les bras ; la seconde, de ne rendre le membre ni *panard*, ni *cagneux*, défauts portant atteinte à la rapidité des allures.

L'*éponge* est la maladie que l'on remarque le plus souvent au coude.

Genou. — Le genou doit être large, épais, bien descendu, surtout dans la direction de la ligne d'aplomb, exempt de blessures, d'*osselets*, de *malandres* et de *cessigons*.

Ces maladies dénotent toujours une faiblesse des membres antérieurs et résultent de leur fatigue ou de leur usure.

Canon. — Le canon doit être lisse, bien vertical et exempt de *suros*. La principale qualité du canon du cheval de course est subordonnée à sa longueur : plus il est court, plus il favorise la rapidité des allures.

Tendon. Le tendon doit être bien développé, sec, ferme, régulier, exempt d'engorgements, bien détaché du canon, recouvert par une peau très fine, bien adhérente, et revêtu de poils fins et très courts.

Boulet. — Le boulet doit être large, épais, exempt de blessures et de *molettes*. Il doit, en outre, être éloigné du sol de manière à former un angle de 55° environ.

Paturon. — Le paturon doit être large, moyennement long, exempt de *crevasses*, et incliné de manière à former avec le sol un angle d'environ 55°. Lorsqu'il remplit ces conditions, on dit que le cheval a de *bons poignets*.

Couronne. — La couronne doit être large, régulièrement unie et complètement saine. La maladie que l'on y remarque, appelée *forme*, fait toujours boiter le cheval et se reconnait à une saillie anormale qu'elle produit sur la partie qui en est atteinte.

Pied. — Pour être beau, le pied doit avoir une corne lisse, brillante, exempte de *cercles*, de *fissures* et d'*écailles*. Cette région, à cause du rôle qui lui est dévolu, est souvent altérée ; elle devra donc être visitée avec soin.

Les maladies communes au pied, maladies plus amplement décrites au chapitre y relatif, sont : les *seimes*, la *fourbure*, la *bleime*, le *crapaud*, le *clou de rue*.

2° MEMBRES POSTÉRIEURS. — Ces membres comprennent les parties suivantes : la *croupe*, la *hanche*, la *fesse*, la *cuisse*, le *grasset*, la *jambe* et le *jarret*.

Toutes ces parties devront être minutieusement passées en revue et posséder les qualités ci-après décrites, inhérentes à chacune d'elles, pour constituer le véritable coursier.

CROUPE. — La croupe doit être très-longue, large, bien musclée, exempte de traces de feu, de sétons, de vésicatoires. Ces traces, ainsi que l'amaigrissement des muscles qui recouvrent une des articulations coxo-fémorales, indiquent un accident grave connu sous le nom d'*allonge*.

HANCHE. — La hanche doit se confondre avec la croupe et offrir une élévation moyenne au-dessus des parties voisines.

FESSE.— La fesse doit être ferme, bien musclée, très-longue et droite, pour que les membres fassent de grandes enjambées, bien descendue et exempte de cicatrices.

Plus sa pointe est élevée et éloignée de celle du côté opposé, plus elle est à rechercher.

CUISSE. — La cuisse doit être longue, bien musclée, ferme et oblique.

Grasset. — Le grasset doit être bien dessiné, bien développé et se confondre avec la cuisse.

Jambe. — La jambe doit être longue, peu oblique et garnie de muscles puissants pour la rendre solide et forte. Plus cette longueur est considérable, plus celle du canon postérieur est réduite. Or nous avons vu, en parlant de cette région, que sa brièveté favorise la rapidité des allures.

Jarret. — Le jarret doit être large dans toutes ses parties, épais, convenablement ouvert, bien descendu, sec, exempt de tares. Il doit, en outre, se trouver dans un plan parallèle à celui de l'axe du corps. Ainsi conformé il remplira avantageusement le rôle qui lui est dévolu dans les mouvements progressifs.

Les tares communes à cette région, tares qui déprécient considérablement le cheval d'hippodrome, sont connues sous les noms de *courbe*, *éparvin*, *jarde*, *vessigon*, *capelet*, *varice*.

On pourra aussi se servir, pour juger de la valeur du cheval de course, du moyen recommandé par M. le général Daumas et mis en pratique par M. le comte d'Aure, à l'époque où cet illustre écuyer faisait partie du cadre de l'Ecole de cavalerie de Saumur.

Ce sûr moyen consiste à mesurer le cheval depuis le tronçon de la queue jusqu'au milieu du garrot, puis de ce point, en passant entre les deux oreilles, jusqu'à l'extrémité de la lèvre supérieure.

Si la mesure est plus considérable en avant qu'en arrière, le cheval a de grandes qualités.

En effet, pour que cela existe, il faut que le cheval possède un garrot renversé, une épaule oblique et une encolure longue, conditions indispensables, comme nous l'avons vu plus haut, au cheval appelé à subir les violents exercices de l'hippodrome.

Le même auteur nous apprend que le cheval dont la croupe est aussi longue que le dos et le rein réunis, est un animal précieux.

Comme qualités générales, le cheval de course devra avoir l'appareil circulatoire ainsi que les organes de la respiration bien développés et, par conséquent, une poitrine ample, des muscles fermes et bien accentués, des mouvements libres et aisés, des yeux et des oreilles exprimant la noblesse, l'intelligence, la vivacité.

Un tel sujet pourra, le jour de la lutte, déployer une force musculaire très considérable et prouver qu'il possède la conformation la plus solide et la mieux organisée.

Là se termine l'examen du cheval au repos.

Examen du cheval en mouvement

Le cheval est ensuite monté par un cavalier exercé qui le fera marcher au pas, au trot et au galop.

On examinera chacune de ces allures avec une attention toute particulière. Au pas comme au trot, on exigera que les membres se portent franchement en avant et dans un plan parallèle à celui de l'axe du corps ; que les membres postérieurs couvrent les empreintes faites par les membres antérieurs et que les foulées ne fassent entendre qu'un bruit peu prononcé. Après le trot on peut juger de l'état des organes respiratoires par les mouvements du flanc : ces mouvements diminuent insensiblement si la respiration est bonne, puis reprennent leur rhythme normal après quelques minutes de repos.

Si les mouvements du flanc ont lieu par soubresauts, il est à craindre que l'animal ne soit poussif.

Le cheval sera, en outre, engagé dans l'allure du galop, puis monté par l'intéressé lui-même, s'il croit pouvoir juger de la qualité résultant de l'harmonie de son ensemble, de la manière dont les différentes parties décrites ci-dessus fonctionnent entre elles, et du train qui lui est propre.

On appelle train l'allure que le fini de la conformation du cheval de course lui permet de soutenir pendant un temps et une distance déterminés.

Nous reviendrons, en temps et lieu, sur cette qualité réelle et positive, dont la connaissance doit être acquise à toute personne qui s'occupe du cheval à un titre quelconque.

En terminant l'examen de toutes les parties extérieures du corps du cheval, tant au repos qu'en mouvement, il convient d'attirer l'attention de l'examinateur sur les conséquences fâcheuses d'un manque de proportions.

Inconvénients du manque de proportions

1° Si la tête est trop longue, elle enlève la grâce de l'avant-main, rend l'action du mors impuissante et cause un ralentissement considérable dans les allures.

Si, au contraire, elle est trop courte, le cerveau est trop petit, le cheval peu intelligent, mais l'avant-main est élégant et léger.

2° Si l'encolure est trop longue et un peu grêle, elle surcharge l'avant-main, ralentit les allures et ne produit que des mouvements ralentis et disgracieux.

Si, au contraire, elle est trop courte, elle rend le cheval peu maniable et manque de jeu, de distinction et d'élégance.

3° Si le cheval est trop bas du devant, les membres antérieurs sont constamment surchargés par suite du reflux du centre de gravité en avant, la selle se porte sur l'encolure et blesse parfois le garrot. Par ce manque de proportions, les membres antérieurs s'usent prématurément, le cheval butte et s'abat quelquefois.

4° Si le cheval est trop haut du devant, les membres postérieurs sont surchargés et obligés de supporter un excès de travail qui les use insensiblement. De plus, ce défaut ralentit les allures, mais il rend l'avant-main élégant, gracieux, et lui permet de s'enlever facilement sur l'arrière-main.

5° Si le cheval est trop bas du derrière, ses allures sont ralenties et son arrière-main devient impuissant à produire une détente énergique.

6° Si le cheval est trop haut d
les membres antérieurs s'usent
ment, à cause du manque de rappo
entre l'arrière-main et l'avant-m
val est exposé aux blessures du
l'arrière main, chassant la mas

sans difficulté, rend les allures rapides et produit de grandes détentes.

7° Si le corps est trop long et que ce défaut soit la conséquence de la longueur exagérée du dos et du rein, la colonne dorso-lombaire est faible, les allures sont ralenties et le cheval est exposé à s'atteindre les membres antérieurs avec les postérieurs.

8° Si, au contraire, le corps est trop court, et que ce défaut dépende de la brièveté de la poitrine, le cheval manque de fond.

Un homme de cheval exercé, bien pénétré des renseignements qui précèdent, doit pouvoir, d'un seul coup d'œil, embrasser toutes ces défectuosités et distinguer le cheval de vitesse du reste des chevaux communs.

Mais que deviendrait son coursier, si les soins dont il doit être constamment l'objet lui étaient prodigués d'une manière mal comprise? Et quels résultats pourrait-il en attendre si l'entraînement qui doit le préparer à la course lui était appliqué d'une manière irrégulière et violente?

Le meilleur cheval du monde, mal soigné et mal entraîné, ne pourrait faire qu'une rosse et ne produire, par conséquent, que des résultats nuls et coûteux.

De là l'utilité d'étudier les soins et le régime qui lui conviennent le mieux, de là aussi la grande et indispensable nécessité de connaitre l'art de lui faire acquérir par l'entrainement la vitesse et la force qui lui sont indispensables pour arriver à lutter avantageusement avec des concurrents en bonne condition.

Ces soins et cet entrainement feront l'objet du chapitre second, lequel traitera aussi du harnachement affecté au cheval qui nous occupe, des courses auxquelles il pourra prendre part, des conseils nécessaires au jockey ou au gentleman-rider pour conduire à bonne fin l'excellente monture qui lui serait confiée ou dont il serait en possession.

Une série de maladies externes, pouvant atteindre le cheval de course dans le cours de son entraînement, et les remèdes à y apporter termineront ce chapitre.

CHAPITRE SECOND

NOURRITURE : ORGE, PAILLE, FOIN, VERT, BOISSON. — PANSAGE. — HARNACHEMENT. — COURSES. — ENTRAINEMENT. — CONSEILS AU JOCKEY OU AU GENTLEMAN-RIDER. — SÉRIE DE QUELQUES MALADIES EXTERNES DU CHEVAL DE COURSE.

Nourriture

Les principaux aliments composant la nourriture du cheval sont : l'*orge*, la *paille*, et le *foin*.

ORGE. — L'orge destinée à nourrir le cheval de course doit être d'une qualité supérieure ; il est donc utile que tout homme de cheval connaisse les caractères qui se rattachent à sa bonté.

Ces caractères consistent dans une couleur d'un blanc grisâtre, une odeur agréable, une écorce lisse, fine, adhérente à l'amande, et dans l'absence totale de corps étrangers. Les grains d'une bonne orge se distinguent à leur grosseur et à leur dureté.

Paille. — La paille d'orge est celle qui convient le mieux aux chevaux ; mais quelle que soit sa nature, elle doit, pour être bonne, présenter les caractères suivants : une couleur jaune, pâle ou dorée, une saveur légèrement sucrée, une odeur légère et agréable. La paille n'entrera dans la nourriture du cheval qu'en très-petite quantité et toujours associée à l'orge. Pendant l'entraînement cet aliment cessera de le nourrir.

Foin. — Le meilleur foin est celui qui provient des prairies naturelles. Pour être de bonne qualité, il doit avoir une couleur verte particulière, une odeur agréable, une saveur sucrée, des tiges fines, souples, difficiles à briser. Le pouvoir nutritif du foin tient le milieu entre l'orge et la paille. On doit déduire de là qu'il ne peut entretenir en bon état un cheval soumis à un travail fatigant et, par conséquent, ne composer sa nourriture qu'après la saison des courses.

Vert. — C'est une erreur profonde que celle de croire que le vert convient au cheval de course. Ce régime l'engraisse, mais ne le fortifie point. Un tel cheval n'y sera mis que sur l'avis d'un vétérinaire.

Boisson. — Il est de toute nécessité, pour rendre la chair du cheval de course dure et ferme, de ne le faire boire, pendant l'entraînement qu'une fois par jour, à une heure de relevée, et de ne lui faire manger son orge qu'au coucher du soleil.

Son régime de nourriture doit être suivi d'une manière très régulière, et n'avoir lieu, à moins de circonstances imprévues, qu'à des heures invariables.

Pansage

Le cheval sera l'objet de deux pansages par jour : le premier aura lieu le matin, et le second à deux ou trois heures de relevée.

Cette opération lui sera prodiguée au moyen d'un bouchon en chiendent et d'une époussette en laine ou en fil.

Un cheval bien pansé régulièrement ne demande point d'autres instruments pour être entretenu dans le plus grand état de propreté, s'il est couché sur une bonne litière souvent renouvelée.

Après le pansage du soir et pendant toute la nuit, le cheval devra être couvert, pour échapper aux froids de l'hiver ou aux chaleurs de l'été.

Pendant ces chaleurs, chaque pansage sera complété par un lavage au moyen de l'éponge, et le cheval sera souvent conduit au bain de mer ou d'eau douce un peu avant les soins du soir.

Après une grande suée, il conviendra de le passer au couteau de chaleur, de le bouchonner ensuite, sur place, jusqu'à ce qu'il soit complétement sec, et de ne le desseller qu'après lui avoir fait manger son orge.

Après chaque course, on frictionnera les membres avec de l'alcool, on épongera les ouvertures naturelles avec de l'eau mélangée à du vinaigre; on le couvrira aussitôt et on le promènera au pas.

Harnachement

Le harnachement indispensable au cheval de course se compose des objets suivants : d'une *selle* avec ses accessoires, d'un *filet* ou d'une *bride*, d'une *couverture*, d'un *tapis*.

Selle. — La selle devra être plus ou moins légère selon que le cheval courra avec un poids plus ou moins considérable. Mais, dans tous les cas, elle devra être bien rembourrée et ajustée de manière que toutes les parties du corps du cheval qu'elle embrasse, ne soient nullement exposées aux blessures occasionnées par son frottement.

Les sangles devront être serrées de manière à assurer la fixité de la selle, laquelle devra, si la conformation du cheval l'exige, comporter un poitrail. Cet accessoire sera toujours ajusté avec soin et entretenu dans le plus grand état de propreté pour prévenir les blessures qu'il peut occasionner sur les parties avec lesquelles il est en contact.

Le surfaix est souvent employé pour assurer la fixité de la selle.

Filet ou Bride. — Le filet ou la bride devra se composer d'un mors très doux et ajusté de manière à n'offenser ni la commissure des lèvres, ni les barres.

Si le mors comporte une gourmette, cette dernière sera toujours placée à plat et serrée de manière à ne point blesser la barbe. Si l'accident a lieu malgré cette précaution, on aura soin de la recouvrir au moyen d'une pièce en feutre ou d'un linge. Le mors et la gourmette devront être entretenus dans le plus grand état de propreté; il en sera de même de toutes les parties, soit en acier, soit en cuir, composant le harnachement affecté au cheval de course.

Couverture. — La couverture devra être en laine, entretenue constamment propre et retenue sur le corps du cheval au moyen de courroies ou d'un surfaix. Dans ce dernier cas, on aura soin, pour éviter de blesser le garrot, de placer un bouchon en paille entre la couverture et le surfaix à l'endroit où cet accessoire porte sur le sommet du garrot.

Tapis. — Le tapis devra être placé de manière à ne former ni renflements ni plis. Il sera constamment entretenu très propre et exposé au soleil chaque fois que la sueur du cheval l'aura mouillé.

Si le tapis comporte une poche destinée à recevoir le complément du poids réglementaire, on devra s'assurer qu'elle peut le recevoir sans crainte de le perdre pendant la durée de la course.

Courses

Les courses sont des luttes vives et sérieuses auxquelles on soumet les chevaux pour juger de leur vitesse, de leur vigueur et de leur bonne organisation.

C'est par elles que l'on contribue puissamment à faire naitre l'amour du cheval et l'émulation parmi les personnes qui s'en occupent sérieusement; c'est par elles aussi que l'on arrive à améliorer la race chevaline: la création du pur sang anglais en est une preuve éclatante.

Ces épreuves datent des temps les plus reculés, puisqu'elles étaient connues des Egyptiens, des Grecs, des Romains. Mais à cette époque, c'étaient plutôt des jeux amusant le peuple et auxquels prenaient part la noblesse, les princes et les rois, les jours de grandes fêtes; elles se faisaient en char attelé.

Les courses ont eu lieu, en France, de temps immémorial, mais ce n'est qu'en 1805 qu'elles ont été encouragées et établies par l'Etat.

En l'année 1855 l'Etat a aussi reconnu et réglementé celles de l'Algérie tandis que, dès l'année 1847, Mostaganem se faisait remarquer en inaugurant les premières courses.

Celles qui ont lieu de nos jours consistent en: *courses plates*, *courses de fond*, *courses de haies*, *courses au clocher*, *courses au trot monté*, *courses au trot attelé*.

Courses plates. — Les courses plates ou de vitesse sont les plus répandues, et celles dont l'importance augmente de jour en jour.

Courses de fond. — Les courses de fond sont celles où prennent part les chevaux faits, exempts de tares et de maladies héréditaires. Elles devront donc être organisées de manière à produire des étalons propres à améliorer notre race chevaline.

Courses de haies. — Les courses de haies consistent à franchir un certain nombre d'obstacles, tels que haies, fossés, murs, etc.; elles réclament des sujets d'une grande taille, à l'arrière-main haut, au jarret puissant, large et épais.

COURSES AU CLOCHER. — Les courses au clocher, ou steeple-chases, ont lieu en rase campagne, sur une longueur considérable pendant laquelle les chevaux qui y prennent part franchissent des haies, des fossés, des barrières, des rivières, etc. Ces courses, dont l'introduction n'a pas encore eu lieu en Algérie, ne peuvent être supportées que par des sujets d'élite, remarquables par leur fond, leur franchise et leur puissance musculaire.

Elles demandent, de la part du cavalier, une grande solidité et beaucoup d'habileté dans l'emploi des aides, à cause des périls dont elles sont parsemées.

COURSES AU TROT MONTÉ. — Les courses au trot monté sont très anciennes ; elles mettent en évidence la vigueur et l'énergie des chevaux qui les supportent bien et ne donnent jamais lieu à de graves accidents.

Les courses de cette nature qui ont eu lieu en Algérie n'ont attiré qu'un nombre très-restreint d'amateurs, à cause, peut-être, de la modicité du prix accordé au vainqueur.

COURSES AU TROT ATTELÉ. — Ces courses ont pour but d'engager les propriétaires à dresser leurs chevaux dès leur jeune âge, car elles n'offrent de succès qu'aux sujets doux et maniables. Mais, pour être intéressantes, elles devront présenter aux concurrents des difficultés à surmonter.

Celles qui ont eu lieu sur l'hippodrome d'Oran, le 24 octobre 1880, ont été bien accueillies par tous les amateurs.

Chacune de ces courses peut, selon le cas, donner lieu : à une *course exacte*, à une *course fausse*, à une *course fine*, à une *course d'attente*, à une *course en faisant le jeu*, à une *course nulle*, à une *course en partie liée*, à une *course publique*, à une *course sévère*, à une *course à courte distance*, à une *course à longue distance*, ou à une *course volée*.

1° *Course exacte.* — Une course est appelée exacte lorsque c'est le meilleur cheval qui l'a gagnée et la gagnerait encore si l'épreuve était à recommencer.

2° *Course fausse.* — Une course est fausse lorsqu'elle donne un résultat trompeur, c'est-à-dire qu'à la suite d'une cause quelconque, le meilleur cheval a été battu.

3° *Course fine.* — Une course fine est celle dans laquelle le cheval qui arrive premier gagne volontairement d'une tête seulement. Cette course demande de la part du jockey ou du gentleman une grande habileté ainsi que la connaissance parfaite des moyens de son cheval et de ceux de ses adversaires.

4° *Course d'attente.* — Une course d'attente est celle dans laquelle le cheval reste derrière pendant toute la durée de la course et gagne dans les quarante ou cinquante derniers mètres.

5° *Course en faisant le jeu.* — Une course en faisant le jeu est celle dans laquelle le gagnant tient la tête depuis le départ jusqu'à l'arrivée.

6° *Course nulle.* — Une course est nulle toutes les fois qu'aucun des concurrents ne remplit les conditions exigées au programme. Dans ce cas, elle est à recommencer ou à abolir.

7° *Course en partie liée.* — Une course en partie liée est celle dans laquelle un cheval, pour gagner, doit accomplir au moins deux fois la distance exigée par le programme, à deux reprises différentes, appelées épreuves ou manches et espacées à un intervalle d'une demi-heure au moins. Cette course ne convient point aux poulains.

8° *Course publique.* — Une course publique est celle dont la date, le prix et les conditions sont annoncés au moyen d'un programme officiel.

Le *match* ou la *poule*, au contraire, est une course dans laquelle les conditions ont été débattues entre les propriétaires des chevaux, sans la participation des autorités d'un hippodrome.

9° *Course sévère.* — Une course sévère est celle qui, menée d'un train vite et soutenu depuis le départ jusqu'à l'arrivée, met rigidement les concurrents à l'épreuve Une course peut être acharnée sans être sévère, de même qu'elle peut être gagnée dans un *canter* tout en ayant été d'une très grande sévérité.

10° *Course à courte distance.* — Une course à courte distance est celle dont le parcours ne dépasse pas 1,500 mètres. La plus courte distance admise en France est de 800 mètres; elle est réservée aux poulains de 2 ans.

11° *Course à longue distance.* — Une course à longue distance est celle dont la distance à parcourir excède 2,500 mètres. La plus grande distance admise en France est celle du prix *Gladiateur* (10,000 fr., 6,200 mètres pour chevaux de 4 ans et au-dessus).

12° *Course volée.* — Une course est volée quand un jockey, arrivant facilement premier, et croyant n'avoir plus personne derrière lui pouvant le dépasser, ralentit son cheval, ne prend plus aucune précaution, et se trouve, au moment où il s'y attend le moins du monde, devancé par surprise.

Entraînement

L'entrainement est l'art de préparer le cheval à l'une des courses décrites ci-dessus, de fortifier ses muscles, de les débarrasser de l'excès de graisse qui pourrait les entraver, et de disposer la masse dans les conditions les plus favorables à la vitesse.

Le poulain doit acquérir par cet exercice, aussi délicat que difficile, de la souplesse, de la force et de la docilité; mais on devra le lui faire subir avec un ménagement qui soit en rapport avec ses moyens, sinon on risquerait de briser sa carrière.

En effet, un travail excessif, au moment où ses chairs sont encore molles, ses os peu durs et sa dentition en formation, serait la plus grande imprudence que l'on puisse commettre.

Le jeune cheval devra être l'objet des mêmes égards, car ce n'est qu'à six ans seulement qu'il est le plus apte à supporter les violents exercices et les privations au besoin.

Tout sujet soumis à l'entrainement devra être nourri abondamment en orge; son travail cessera ou sera réduit aussitôt qu'il perdra l'appétit; de là l'utilité de surveiller la manière dont il se nourrira à la rentrée à l'écurie.

Un sage entraînement se commence toujours ainsi : Deux mois avant l'époque des courses, on exerce chaque jour le cheval au pas, on le loge dans une bonne écurie où il est en liberté autant que possible, on le sort couvert soigneusement pour diminuer son état lymphatique et provoquer la transpiration, on augmente la ration d'orge, et on réduit sa boisson.

Par ce moyen on arrive à lui faire acquérir insensiblement l'énergie, l'impressionnabilité et la légèreté qui doivent caractériser le vrai cheval de course.

Mais ce serait une imprudence inqualifiable que de le faire maigrir par la privation ou au moyen de purgatifs. Ces derniers ne seront administrés que sur l'avis et par les soins d'un vétérinaire.

Lorsque l'entraînement l'aura rendu apte à supporter la fatigue et qu'il l'aura disposé dans de bonnes conditions de vitesse, on le fera galoper de temps à autre en ayant soin de régler l'allure du galop de manière à parcourir, dans l'espace de 10 minutes, une distance de 1,500 mètres environ, et de revenir souvent aux exercices exécutés au pas.

Les temps de galop ne devront jamais dépasser la distance de 6,000 mètres.

Ceux qui termineront l'entraînement seront prolongés sagement et progressivement au fur et à mesure de l'approche de la lutte ; ils devront, dans les 15 jours qui précèderont l'époque des courses, avoir conduit le cheval au développement le plus complet de ses forces.

Le fini de sa préparation se manifeste, après une course de quelques kilomètres, par les caractères suivants : flanc à peine agité, sueur limpide, œil clair et vif ; quelques minutes de repos lui suffisent pour s'animer et vouloir recommencer le travail.

A l'écurie ces caractères doivent faire ressortir : un poil fin et soyeux, une peau fraîche et roulante sous la main, les jambes et les oreilles froides, les reins et les articulations souples; quand on lui donne l'orge, il doit la manger avec avidité.

Mais si l'opération a été prolongée outre mesure, le cheval perd sa forme, c'est-à-dire toutes les qualités ci-dessus. Par cette décadence, il est considérablement amaigri ; la peau devient fiévreuse et collée au corps, l'œil est fixe et injecté, les articulations et les reins sont roides, la tête reste basse, la respiration est chaude et embarrassée, la sueur est huileuse, le poil est piqué, les déjections ont une odeur très forte, et l'appétit disparaît presque complètement.

A ce moment il faut cesser tout entraînement et laisser le cheval dans un repos complet, sinon on le ruinerait à jamais.

Ces symptômes, apparaissant longtemps à l'avance, l'habileté de l'homme de cheval consistera à les apprécier en temps opportun.

La nourriture du cheval à l'entraînement sera abondante, de premier choix, tonique.

Mais, on le pense bien, ce n'est qu'au cheval hors ligne, au cheval d'espérance, que s'adressent les soins et l'entraînement dont il vient d'être parlé, car un tel sujet couvrira largement les dépenses que son entretien et son élevage auront occasionnées. Du reste, les recommandations qui précèdent, et un essai préalable, permettront à toute personne s'occupant de chevaux d'apprécier à sa juste valeur la performance d'un cheval de course.

Conseils au jockey ou au gentleman-rider

Ce cavalier ne doit pas perdre de vue que le succès de son cheval, le jour de la lutte, dépend autant de son entraînement que du tact avec lequel il le montera : c'est le héros de la course après le cheval, bien entendu. Son rôle commence au poteau du départ et se termine avec les applaudissements de la foule.

Sa tenue sera toujours irréprochable et il en sera de même de celle de son cheval.

Il lui faut, pour réussir, de la hardiesse, de la prudence et, par dessus tout, du sang-froid. D'après les Anglais la première qualité d'un cavalier d'hippodrome est la tête, la seconde les bras ; l'une lui sert à mener moralement son cheval, l'autre à le conduire physiquement.

Il veillera constamment à la conservation de son cheval et choisira pour l'excercer un terrain mou et bien égal, afin de ne pas trop fatiguer ses membres.

Dans les séances au galop, il s'occupera de pousser son coursier sur la main de manière à lui faire prendre dans cet appui la confiance qui lui est indispensable pour mieux assurer sa vitesse, c'est-à-dire pour engager franchement sa masse dans le mouvement en avant.

Il obtiendra cet heureux résultat en l'embouchant avec un mors doux ou avec un gros filet, et il ne le fera entrer en lutte que lorsqu'il l'aura entièrement soumis à sa volonté.

Ce jour arrivé, il le mènera en raison des qualités et des moyens dont il le jugera capable : s'il compte beaucoup sur sa vitesse, il l'embarquera dans une allure allongée qu'il devra régulariser de manière à la maintenir dans le train qui lui est propre.

Ce départ aura pour conséquence d'essouffler les chevaux qui, émus par cette fuite précipitée, chercheraient à suivre ou à se maintenir à la hauteur du sien ;

Si, au contraire, il compte sur son fond, le départ sera calme et maintenu ainsi pendant toute la durée de la course, son train sera régulier et modéré. Au moment décisif seulement il devra le forcer et, au besoin, se servir énergiquement de l'éperon, cette aide ajoutant, d'après M. le général Daumas, un quart à son adresse équestre et un tiers à la vigueur de son cheval. Mais, si dès le départ, le train de la course est tel que son cheval ne puisse le suivre jusqu'à la fin, il devra éviter de détruire celui de son cheval et attendre qu'il revienne à lui, au lieu de chercher à l'atteindre.

La principale qualité du cavalier d'hippodrome réside donc dans la connaissance du train, lequel constitue, comme nous l'avons dit plus loin, la meilleure qualité du cheval de course.

En outre, ce dernier sera d'autant plus vigoureux qu'il aura été ménagé, et ses adversaires, partis trop vite, échoueront, si réellement ses forces lui ont été réservées pour finir.

Le jockey devra se maintenir constamment assis, avoir les cuisses adhérentes et les jambes tombantes ; cette position lui donnera une grande solidité et lui permettra, en outre, à l'aide des mains, de soutenir ou de ralentir l'allure.

Pour résister à l'action de l'air, il devra porter le haut du corps en avant et baisser la tête ; mais, quelle que soit la position avantageuse qu'il choisisse, il ne devra jamais abandonner la position normale de l'assiette, des cuisses, des genoux et des jambes.

Pour charger plus ou moins l'avant-main du cheval, dans le but d'obtenir une plus grande vitesse, il portera le corps en avant, de manière que son assiette quitte légèrement la selle ; par ce moyen, les reins se trouvant soulagés, l'arrière-main pourra agir avec beaucoup de puissance et d'énergie.

Il maintiendra constamment les poignets fixes et très bas. Si cette position ne lui est pas familière au début, il pourra, sans inconvénient, pour assurer leur fixité et leur stabilité, prendre un point d'appui sur la base de l'encolure.

Mais il devra surtout s'appliquer, pour obtenir la vitesse propre à la course, à établir une parfaite harmonie entre les mouvements de l'avant-main et de l'arrière-main. Il est bien entendu que plus les jambes poussent le cheval en avant, plus la main doit agir pour soutenir et régulariser ce mouvement.

Il devra conclure de là que plus la masse sera poussée en avant par les jambes, plus les mains devront être assurées.

Pour ménager l'haleine de sa monture, il

diminuera l'action des jambes, puis il reportera, au moyen de résistances d'avant en arrière, marquées sur la bouche, une partie du poids de la masse sur l'arrière-main.

Il obtiendra ce résultat en l'empêchant de venir prendre sur la main l'appui qui lui est indispensable pour faciliter son développement.

Il lui sera facile, par la manière dont il engagera ou soutiendra la masse, de régulariser l'allure de son cheval.

Dans une course d'obstacles, il devra augmenter l'action des jambes pour pousser la masse en avant, décharger l'arrière-main par un déplacement du corps en avant tout en conservant les mains basses et fixes.

Ces prescriptions seront rigoureusement observées au moment du saut, puis, l'obstacle franchi, les mains devront agir avec plus ou moins de force, selon que le mouvement aura besoin d'être ralenti ou terminé.

En parlant des courses d'obstacles, il a été dit un mot sur le cheval qui est le plus apte à les supporter, on se bornera maintenant à lui demander la plus grande obéissance à l'action des aides de son cavalier.

Enfin, les considérations qui suivent l'aideront à mener à bonne fin l'entraînement et les moyens de son cheval :

1° Plus il a de sang, plus il a d'énergie et plus il est facile à entraîner;

2° A égalité de sang et de construction, l'avantage est réservé à la meilleure éducation, au meilleur entraînement, à l'adresse et à la conduite du cavalier.

3° A égalité d'éducation, d'entraînement et de conduite, le poids seul pourra lui donner l'avantage sur tous ses adversaires : moins de poids, plus de vitesse.

Ces considérations de haute importance peuvent se résumer ainsi :

En raison directe du degré de sang, de la puissance de ses leviers, de l'entraînement qu'il aura subi, de la manière dont il sera monté le jour de l'épreuve, et enfin du poids dont il sera chargé, un cheval pourra sortir victorieux ou vaincu de la lutte.

Le cavalier devra nécessairement connaître la piste sur laquelle aura lieu l'épreuve, et y exercer son cheval quelques jours d'avance à l'heure à laquelle doivent avoir lieu les courses.

La manière dont ses adversaires mènent la course doit être l'objet de toute son attention, afin d'éviter les surprises, de profiter de leurs fautes, de changer sa tactique, deviner celle des autres, et d'opposer, s'il y a lieu, la finesse à la ruse.

D'autres considérations plus ou moins importantes peuvent surgir le jour de la lutte ; elles sont laissées à l'appréciation et à l'expérience du cavalier, lequel puisera dans ses connaissances sportives et dans la forme de son cheval, qu'il doit connaître à fond, de quoi en tirer profit et faire triompher ses couleurs.

Toute personne s'occupant de courses, à un titre quelconque, doit connaître :

1° Les règlements régissant le turf de la localité, afin de pouvoir, au besoin, réclamer ses droits avant comme après la course ;

2° Les remèdes à employer pour guérir certaines maladies qui pourraient survenir au cheval dans le cours de l'entraînement ou dont il serait atteint au moment de l'achat;

3° Les premiers soins à donner à certaines maladies graves du ressort d'un homme de l'art.

Celles produites par le harnachement dénotent toujours un cavalier médiocre.

Tout cheval sérieusement malade présente les caractères suivants : il est triste, porte la tête basse, boude sur son orge et est mou au travail ; l'œil est rouge, la bouche sèche et chaude, le rein un peu raide, la respiration accélérée, et, si la maladie dure depuis quelques jours, le poil est piqué.

Série de quelques Maladies externes du Cheval de course.

Atteinte

L'atteinte est une blessure que le cheval reçoit d'un autre animal ou qu'il se fait lui-même aux allures vives.

TRAITEMENT. — Douches fréquentes et lotions d'eau salée. Si la plaie est suivie de boiterie, appliquer des cataplasmes ; mettre le cheval au bain.

Les *entorses* se traitent de la même manière.

Atteinte encornée

L'atteinte encornée est une blessure que le cheval se fait au bourrelet du pied de devant avec la pince du pied de derrière.

TRAITEMENT. — Couper le poil à la couronne, laver la plaie avec de l'eau fraiche, enlever la corne décollée et goudronner la région malade.

Blessures de l'œil

Ces blessures proviennent de coups d'air ou sont produites par l'introduction d'un corps étranger dans cette région.

TRAITEMENT. — Lorsque l'œil est fermé, gonflé, rouge, larmoyant, il faut écarter les paupières, retirer avec précaution le corps étranger, puis laver l'œil au moyen d'une éponge ou d'un linge en fil bien propre, avec de l'eau de mauve ou de l'eau fraiche.

Boiterie

La boiterie est une irrégularité de la marche qui se traduit par l'inégalité d'action d'un ou de plusieurs membres locomoteurs.

TRAITEMENT. — Examiner attentivement le pied, juger de son degré de chaleur, explorer la fourchette et la sole, s'assurer s'il n'existe pas des clous-de-rue ou autres corps étrangers, puis examiner les autres régions pour découvrir le siège du mal.

Si la boiterie a son siège dans le pied, les bains d'eau froide, d'eau blanche, d'eau de mauve, de son chaud, peuvent la faire disparaitre. Dans le cas contraire, le traitement devra varier selon la cause du mal.

Cheval couronné

Un cheval blessé au genou à la suite d'une chute est dit couronné.

TRAITEMENT. — Douches et bains d'eau courante si la blessure n'est pas grave. Dans le cas contraire, pratiquer des irrigations continues sur la partie malade jusqu'à l'arrivée d'un vétérinaire.

L'engorgement disparu, sécher la plaie au moyen de la liqueur de Villate étendue d'eau et de la poudre de charbon de forge.

Cheval qui se coupe

On dit qu'un cheval se coupe lorsqu'il se blesse au boulet. Cette blessure, quoique peu grave, peut néanmoins amener l'engorgement de cette région.

Traitement. — Parer le pied puis soigner la plaie au moyen d'un mélange de poudre de charbon et de camphre.

Si la plaie est grave, compléter le traitement par des douches et des bains.

Clou-de-rue

Le clou-de-rue est une blessure du dessous du pied produite par des corps pointus qui traversent la corne de la sole et de la fourchette et attaquent plus ou moins gravement les parties vives.

Traitement. — Retirer immédiatement le corps pointu, introduire dans le trou qu'il a produit de l'huile ou de la térébenthine, déferrer s'il y a lieu, amincir à fond la corne autour de la blessure, appliquer des cataplasmes, et faire prendre fréquemment des bains de pied

Si le cheval ne boite pas, matelasser le pied avec une étoupade goudronnée et referrer avec un fer à plaque, si on le juge à propos.

L'enclouure et la piqûre se traitent de la même manière.

Colique

Les coliques sont des douleurs du ventre. Elles attaquent le cheval qui a bu ou mangé avec excès ou qui a été soumis à un travail violent aussitôt après son repas.

Traitement. — Le cheval atteint de coliques est triste, s'éloigne du râtelier, gratte le sol avec les pieds de devant, conserve la tête basse, regarde son flanc, se roule par terre. Le traitement que l'on oppose aux coliques consiste à bouchonner le ventre et les membres, à tenir le ventre chaud au moyen de couvertures en laine, et à promener le cheval au pas et au trot. Cette maladie, du ressort d'un vétérinaire, ne figure ici qu'à titre de premier soin.

L'*indigestion* se traite de la même manière.

Cor

On appelle cor une mortification de la peau

ou des chairs. Le cor est dur, parcheminé.

TRAITEMENT. — Graisser la région malade avec du suif, puis la recouvrir d'une toile cirée si le cheval doit continuer absolument à travailler.

Coups de pied

Les coups de pied déterminent des plaies, des engorgements, des tumeurs sanguines.

TRAITEMENT. — Placer dans l'eau courante, si faire se peut, le cheval qui a reçu un coup de pied. Les douches et les lotions fréquentes d'eau salée sont toujours employées avec succès.

Les *morsures* seront traitées de la même manière.

Crevasses

On appelle crevasses les excoriations ou les plaies du paturon produites par le contact de boues âcres avec la peau du pli du paturon.

TRAITEMENT. — Enduire la plaie de suif ou de pommade camphrée. Si elle présente une certaine gravité, y appliquer des cataplasmes de mauve ou de farine de lin pour calmer la douleur; le tout après avoir coupé le poil recouvrant la partie malade.

Durillons

On appelle durillons des corps durs arrondis, attachés sous la peau et un peu roulants.

Traitement. — Lotions d'eau fraîche, cataplasmes de farine de lin, de feuilles de mauve ou de figuiers de Barbarie.

Ecart

L'écart est une boiterie de l'épaule ou de la hanche. Elle est produite par une chute, un faux pas, une glissade, un effort violent.

Traitement. — Lotions d'eau froide, d'eau blanche; frictions d'eau-de-vie camphrée sur la partie malade; repos absolu.

Effort de boulet

L'effort de boulet est une distension de la jointure de cette région suivie de douleur, d'engorgement, de boiterie.

Traitement. — Bains, douches, frictions d'eau-de-vie camphrée et repos.

Effort de tendon

L'effort de tendon ou *nerf-férure*, est le résultat d'un tiraillement ou d'un coup que le cheval se donne aux allures vives. Cette maladie atteint particulièrement les membres antérieurs et se reconnaît à l'engorgement des tendons, à la douleur que détermine la pression des doigts à cet endroit, à une boiterie plus ou moins forte.

TRAITEMENT. — L'effort de tendon se traite, au début, au moyen de douches. Le repos est indispensable au cheval qui en est atteint.

Embarrure

L'embarrure est une contusion que le cheval se fait en s'embarrassant les jambes contre un corps dur quelconque.

TRAITEMENT. — Les douches et les lotions d'eau salée sont ordinairement employées pour guérir les embarrures.

Fourbure

La fourbure est une inflammation de la chair feuilletée de la pince et des mamelles. Le sang tombe dans les sabots et vient gonfler la chair qui se trouve fortement comprimée entre l'os du pied et la paroi.

Les causes qui la produisent ordinairement sont : 1° une nourriture trop forte; 2° un repos prolongé ; 3° les marches forcées sur un sol dur et par des temps chauds. Cette maladie se reconnaît à la raideur des membres dont les mouvements sont extrêmement difficiles, à une très forte fièvre et à la grande chaleur des sabots.

Traitement. — Si le cheval refuse de marcher, frictionner les membres avec de l'essence de térébenthine, puis, lorsqu'il marche, le mettre à l'eau jusqu'aux boulets et l'y laisser deux heures environ; recommencer le même pansement jusqu'à ce que le cheval marche facilement en sortant du bain.

Les cataplasmes de terre glaise délayée dans de l'eau vinaigrée peuvent remplacer le bain si ce dernier ne peut être donné.

Le cheval fourbu doit suivre un régime particulier : barbotages au sel de nitre, couvertures chaudes.

Gourme

La gourme est une maladie qui consiste dans l'inflammation des voies respiratoires. Elle atteint particulièrement les jeunes chevaux des pays humides.

La gourme se reconnait à la rougeur de la pituitaire, à l'empâtement de la ganache, à la déglutition pénible, à l'œil chàssieux, à la perte de l'appétit.

Traitement. — Graisser la gorge du cheval atteint de cette maladie avec de l'huile douce tiède, la couvrir d'une peau de mouton ; loger le cheval dans une écurie chaude, à l'abri des courants d'air, le bien couvrir, lui donner des barbotages, des boissons tièdes et lui faire respirer des vapeurs d'eau de mauve.

Lampas

Le lampas est une maladie qui consiste dans l'inflammation de la membrane du palais. La région qui en est le siège est rouge, tuméfiée, chaude.

Le travail de la dentition, et l'introduction dans la bouche d'aliments irritants en sont les principales causes.

Traitement. — Barbotages et aliments de mastication facile.

Mal de garrot

Le mal de garrot consiste en une tumeur dure, chaude, douloureuse, produite ordinairement par la pression de la selle en cet endroit.

Traitement. — Recouvrir la partie malade d'une éponge ou d'un gazon imbibé d'eau blanche, d'eau fraiche ou d'un liquide astringent quelconque et faire des frictions d'eau-de-vie camphrée et de savon. Un léger mal de garrot, pris à son début et traité ainsi, ne résiste point à ce simple pansement.

Le mal de *rognon*, qui a son siège sur le rein, se traite de la même manière.

Un cheval atteint de l'une de ces deux maladies ne sera sellé qu'après entière guérison.

Mal de taupe

Le mal de taupe est une tumeur dure, douloureuse, chaude, qui a son siège à la nuque du cheval. Elle est produite soit par la pression du dessus de tête de la bride, soit par les frottements contre les corps étrangers.

Traitement. — Lotionner la partie malade avec de l'eau froide ou de l'eau blanche, puis, en attendant l'arrivée d'un vétérinaire, attacher le cheval par le pied, afin de l'isoler des objets contre lesquels ils pourrait se frotter.

Plaies

On appelle plaies des solutions de continuité des parties molles, produites par des causes mécaniques.

Traitement. — Soins de propreté, lotions d'eau fraiche, d'eau tiède, d'eau blanche, de liquides astringents; couvrir les plaies d'étoupes.

Seime

La seime est une solution de continuité de la paroi du sabot, dans la direction de haut en bas. Cette maladie, si facile à prévenir, ne peut être traitée que par un homme de l'art lorsqu'elle est profonde.

On en préserve le cheval en évitant de le laisser séjourner dans des boues âcres et irritantes.

Tumeurs dures

On appelle tumeurs dures ou exostoses des tumeurs osseuses se développant accidentellement à la surface d'un os. Elles reçoivent différents noms suivant la région qu'elles occupent ; celles du jarret sont : la *courbe*, l'*éparvin*, le *jardon* et la *jarde* ; celles du canon portent le nom de *suros*, celles de la couronne, le nom de *formes* ; celles du genou le nom d'*osselets*, et celles de la face plantaire du pied le nom d'*oignons*. Elles sont presque toujours la suite d'un coup, d'une violence extérieure, d'une distension très forte des ligaments articulaires, de chocs, etc.

Ces exostoses résistent aux traitements les plus efficaces et sont du ressort des vétérinaires. Mais c'est afin d'attirer l'attention du cavalier sur leur gravité, et de l'engager à éluder les différentes causes qui les engendrent, qu'il en est dit un mot.

Tumeurs molles

Les tumeurs molles ou tumeurs synoviales consistent dans une hydropisie des capsules articulaires ou des gaînes tendineuses des membres. Les tumeurs molles du boulet prennent le nom de *molettes*, celles du genou le nom de *ressigons*, celles du pli du jarret le nom de *capelets*. Les violents efforts musculaires, les coups, les chutes, un repos trop prolongé à l'écurie, les occasionnent souvent. Chez le poulain elles peuvent dépendre d'un excès de vitalité.

Au début ces tumeurs sont accompagnées de douleur, de chaleur, de gonflement et quelquefois de boiterie ; à la longue, elles prennent une marche chronique et deviennent à peu près insensibles.

Lorsqu'elles sont récentes, elles disparaissent par le traitement suivant :

Bains froids et astringents, frictions d'alcool camphré. Celles passées à l'état chronique doivent être traitées par les vesicatoires volants et la cautérisation.

En résumé, ces différentes maladies ne figurent, ici, qu'à titre de renseignement, le cachet de tout homme de cheval consistant beaucoup plus à les prévenir qu'à les panser.

FIN

TABLE DES MATIÈRES

Oran. — Imp. A. Nugues, boulevard Charlemagne.

www.ingramcontent.com/pod-product-compliance
Lightning Source LLC
LaVergne TN
LVHW050430160826
845677LV00002BA/640